中国旅游智库景观设计文库

广西高等教育本科教学改革工程项目（2016JGA227）资助成果
桂林理工大学风景园林学校级重点学科项目成果
桂林理工大学强基创优项目风景园林学优势特色学科项目资助成果
桂林理工大学专著出版基金资助成果

景园匠心：
数字化表达风景园林建筑

Garden Ingenuity:

Digital Expression of Landscape Architecture

尹旭红　蒋敏哲　吴苏◎著

华中科技大学出版社
http://www.hustp.com
中国·武汉

图书在版编目（CIP）数据

景园匠心：数字化表达风景园林建筑／尹旭红，蒋敏哲，吴苏著 .—武汉：华中科技大学出版社，2020.8
（2023.2重印）
（中国旅游智库景观设计文库）
ISBN 978-7-5680-6481-1

Ⅰ．①景… Ⅱ．①尹… ②蒋… ③吴… Ⅲ．①数字技术－应用－景观设计 Ⅳ．① TU986.2-39

中国版本图书馆 CIP 数据核字（2020）第 143068 号

景园匠心：数字化表达风景园林建筑　　　　　　　　　　　　　　　　尹旭红　蒋敏哲　吴苏　著
Jingyuan Jiangxin: Shuzihua Biaoda Fengjing Yuanlin Jianzhu

策划编辑：李　欢
责任编辑：李　欢　王梦嫣
封面设计：原色设计
责任校对：曾　婷
责任监印：周治超
出版发行：华中科技大学出版社（中国·武汉）　　　电话：（027）81321913
　　　　　武汉市东湖新技术开发区华工科技园　　　邮编：430223
录　　排：华中科技大学惠友文印中心
印　　刷：广东虎彩云印刷有限公司
开　　本：880mm×1230mm　1/16
印　　张：9.75
字　　数：209 千字
版　　次：2023 年 2 月第 1 版第 2 次印刷
定　　价：96.80 元

出版说明
Publisher's Note

随着中国步入大众旅游时代，旅游产业成为国民经济战略性支柱产业。在社会、经济、体制转型之际打造中国旅游智库学术文库，可为建设中国特色新型智库做出积极贡献。中国旅游智库学术文库的打造，旨在整合旅游产业资源，荟萃国际前沿思想和旅游高端人才，集中出版和展示传播优质研究成果，为有力地推进中国旅游标准化发展和国际化进程，推动中国旅游高等教育进入全面发展快车道发挥助推作用。

"中国旅游智库学术文库"项目包括中国旅游智库学术研究文库、中国旅游智库高端学术研究文库、中国旅游智库企业战略文库、中国旅游智库区域规划文库、中国旅游智库景观设计文库五个子系列，总结、归纳中国旅游业发展进程中的优秀研究成果和学术沉淀精品，既有旅游学界、业界的资深专家之作，也有青年学者的新锐之作。这些著作的出版，将有益于中国旅游业的继续探索和深入发展。

华中科技大学出版社一向以服务高校教学、科研为己任，重视高品质学术出版项目开发。当前，顺应旅游业发展大趋势，启动"中国旅游智库学术文库"项目，旨在为我国旅游专家学者搭建学术智库出版推广平台，将重复的资源精炼化，将分散的成果集中化，将碎片化的信息整体化，从而为打造旅游教育智囊团，推动中国旅游学界在世界舞台上集中展示"中国思想"，发出"中国声音"，在实现中华民族伟大复兴"中国梦"的过程中，做出更具独创性、思想性及更高水平的贡献。

"中国旅游智库学术文库"项目共享思想智慧，凝聚学术力量。期待国内外有更多关心旅游发展，长期致力于中国旅游学术研究与实践工作研究的专家学者们加入到我们的队伍中，以"中国旅游智库学术文库"项目为出版展示及推广平台，共同推进我国旅游智库建设发展，推出更多有理论与实践价值的学术精品！

华中科技大学出版社

前 言
Preface

设计与表达分离、可视化技术"独立"成为规划设计生态链中的重要环节，行业中出现了大量以设计表现为主营业务的公司，这种分工一度成为业界热议的话题。

有人认为，"分离"退化了设计师的能力，草图过后，深化方案的主要任务交给了"设计表现"公司。

有人认为，"分离"使得行业越来越"重表达轻设计"，包装精美的方案册变成了投标项目得以取胜的重要因素。

有人认为，"分离"降低了行业门槛、扰乱了行业秩序，没有经过专业训练、学会使用几个应用软件即草草入行的从业者越来越多。

有人担心，专门研究"设计表达"会加剧这种"分离"，使我们培养的学生变得专业能力不足……

是的，这些担心不无道理。新行业诞生初期总会伴随各种不适，甚至会出现"反行业规律"的假象。不过笔者坚信，设计与表达作为一个相辅相成的整体，不可能出现绝对的"分离"，但是为了深入研究设计活动的各个部分，它们是可以暂时分解的，正如医学的分科有皮肤科、内科、外科等，设计理论的研究，其道理也是如此。分解和综合是科学研究的基本方法，本书选题的初衷正是基于此。

从整体层面上看，数字景观技术包罗万象，涉及了行业的方方面面，包括风景园林信息采集、景观过程模拟、可视化、分析评估、参数化设计及公众参与等方面的应用与实践。虽然风景园林建筑的数字化表达仅仅是这个技术中的冰山一角，但人们最初对数字景观技术的关注是从景观的数字化表现开始的。

风景园林建筑的数字化表达技法主要包括建模、渲染、后期处理三个阶段。建模是最基础、最综合的环节，与方案推敲相辅相成，建筑结构的熟悉程度与模型的品质息息相关；渲染和后期处理则更加强调艺术性，需要特别关注透视构图、材质的质感、灯光的冷暖、画面的协调性等问题。本书展示的是风景园林建筑数字化表达的最终成果，这些案例皆为笔者及其团队多年来主持或协助他人所完成。

感谢广西高等教育本科教学改革工程项目（2016JGA227）、桂林理工大学风景园林学校级重点学科项目、桂林理工大学强基创优项目风景园林学优势特色学科项目、桂林理工大学专著出版基金的共同资助；感谢桂林大河坊项目的发起人刘军先生、广西建工集团一建综合设计研究院的尹元红先生为本书提供研究案例；尤其感谢华中科技大学出版社各位编辑的耐心守候与支持，没有他们，本书将无法顺利出版。

尹旭红

2020 年 4 月

目　录
Contents

PART 1
地形分析图

　　地形分析的主要任务是通过提取反映地形的特征要素找出地形的空间分布特征，一般包括高程分析、坡度分析、坡向分析三个方面。此外，风景园林规划设计项目还经常需要做生态敏感性分析、淹没范围分析、现状土地利用分析和基地开发示意性分析等。

　　地形分析需要提前准备带有高程信息的地形资料。微观、中观层面的风景园林规划设计项目，一般都会由测绘团队实测并提供电子地形图。宏观层面的规划设计，其基础地形资料可以依法向国土测绘等相关部门申请，也可以在网络上通过开放资源获取。例如，北京三维远景科技有限公司开发的软件 LocaSpace Viewer（三维数字地球），它集成了多种在线地图资源，还可以从中国科学院计算机网络信息中心的"地理空间数据云"网站获取 DEM 数字高程数据。

　　地形分析常用的软件平台有 ArcGIS、Global Mapper，以及基于 AutoCAD 进行二次开发的相关软件。

　　2011 年，广西河池市巴马瑶族自治县罗旁山生态休闲公园规划设计，原始地形图和高程分析图分别如图 1-1 和图 1-2 所示。

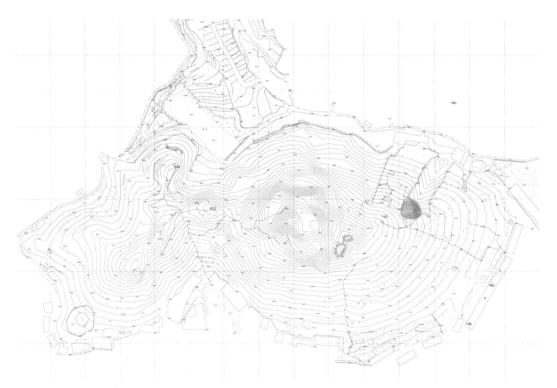

图 1-1　广西河池市巴马瑶族自治县罗旁山生态休闲公园规划设计原始地形图

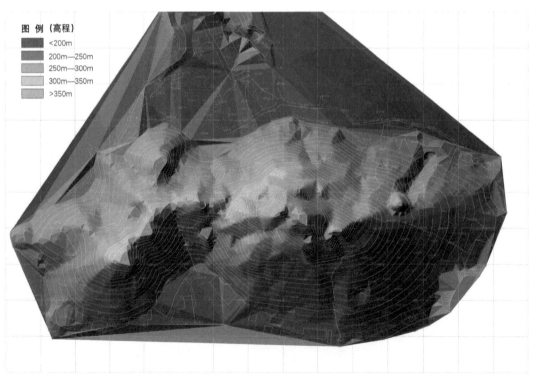

图 1-2　广西河池市巴马瑶族自治县罗旁山生态休闲公园规划设计高程分析图

2011 年，广西河池市巴马瑶族自治县罗旁山生态休闲公园规划设计，坡度分析图和坡向分析图分别如图 1-3 和图 1-4 所示。

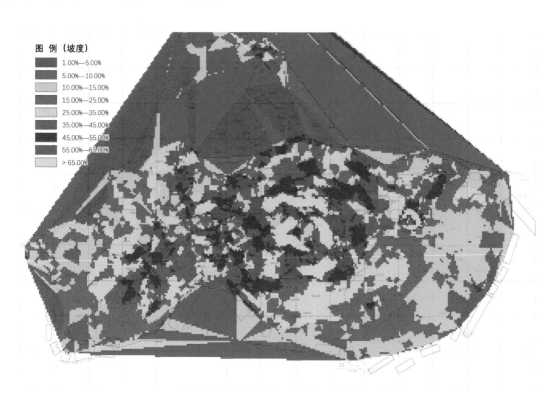

图 1-3　广西河池市巴马瑶族自治县罗旁山生态休闲公园规划设计坡度分析图

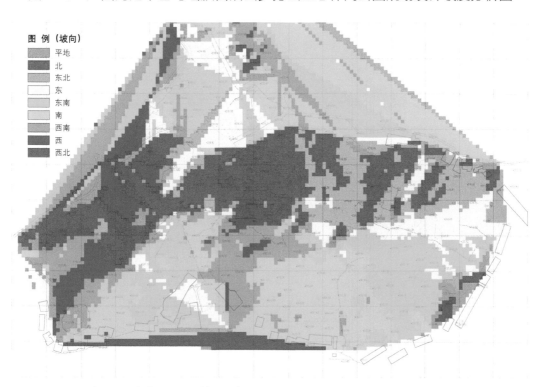

图 1-4　广西河池市巴马瑶族自治县罗旁山生态休闲公园规划设计坡向分析图

2011 年，广西河池市巴马瑶族自治县仁寿源景区达西节点详细规划设计，原始地形图和高程分析图分别如图 1-5 和图 1-6 所示。

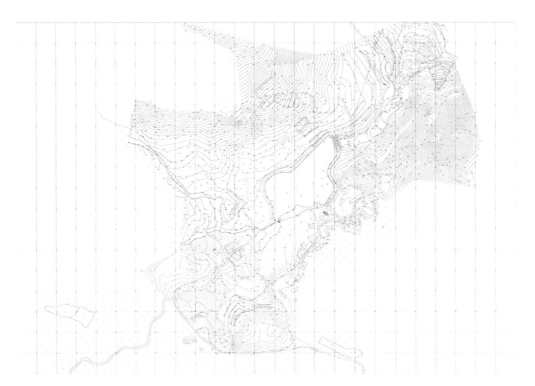

图 1-5　广西河池市巴马瑶族自治县仁寿源景区达西节点详细规划设计原始地形图

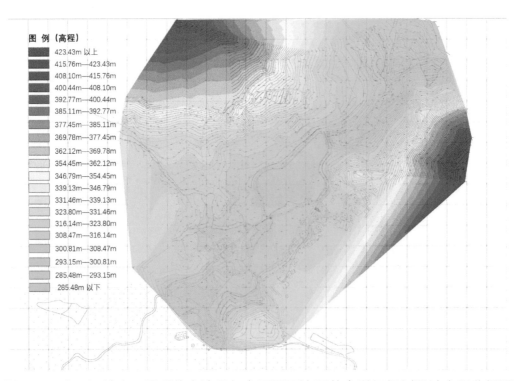

图 1-6　广西河池市巴马瑶族自治县仁寿源景区达西节点详细规划设计高程分析图

2011 年，广西河池市巴马瑶族自治县仁寿源景区达西节点详细规划设计，坡度分析图和坡向分析图分别如图 1-7 和图 1-8 所示。

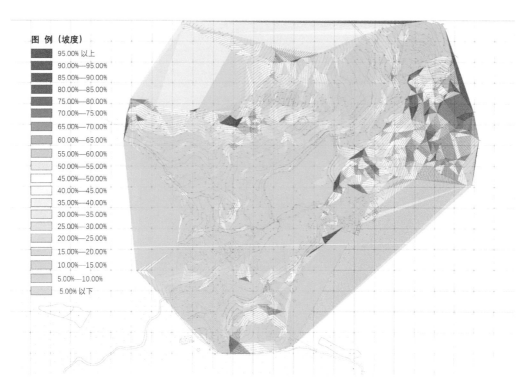

图 1-7　广西河池市巴马瑶族自治县仁寿源景区达西节点详细规划设计坡度分析图

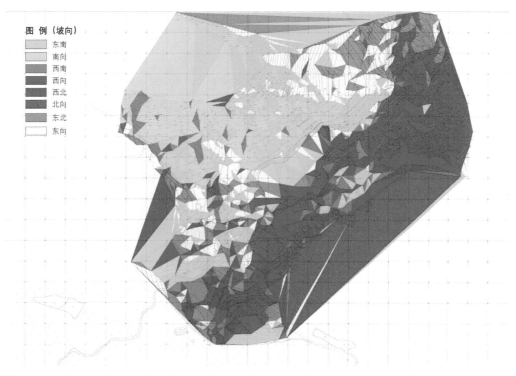

图 1-8　广西河池市巴马瑶族自治县仁寿源景区达西节点详细规划设计坡向分析图

2011 年，广西河池市巴马瑶族自治县仁寿源景区敢烟节点详细规划设计，原始地形图和高程分析图分别如图 1-9 和图 1-10 所示。

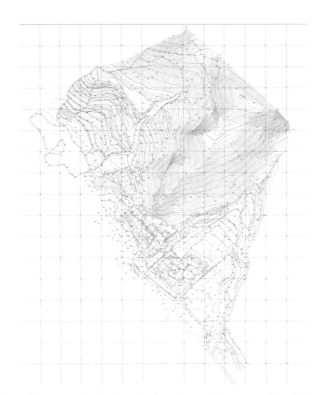

图 1-9　广西河池市巴马瑶族自治县仁寿源景区敢烟节点详细规划设计原始地形图

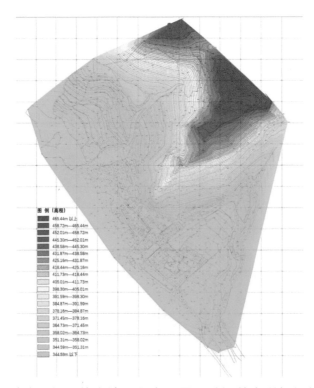

图 1-10　广西河池市巴马瑶族自治县仁寿源景区敢烟节点详细规划设计高程分析图

2011 年，广西河池市巴马瑶族自治县仁寿源景区敢烟节点详细规划设计，坡度分析图和坡向分析图分别如图 1-11 和图 1-12 所示。

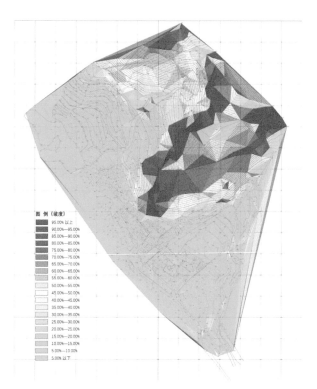

图 1-11　广西河池市巴马瑶族自治县仁寿源景区敢烟节点详细规划设计坡度分析图

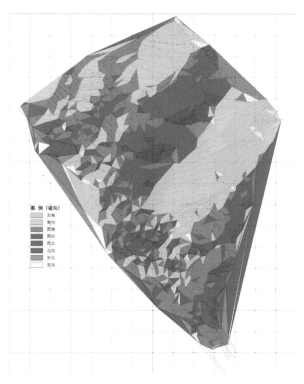

图 1-12　广西河池市巴马瑶族自治县仁寿源景区敢烟节点详细规划设计坡向分析图

　　2011 年，广西河池市巴马瑶族自治县仁寿源景区坡葛节点详细规划设计，原始地形图和高程分析图分别如图 1-13 和图 1-14 所示。

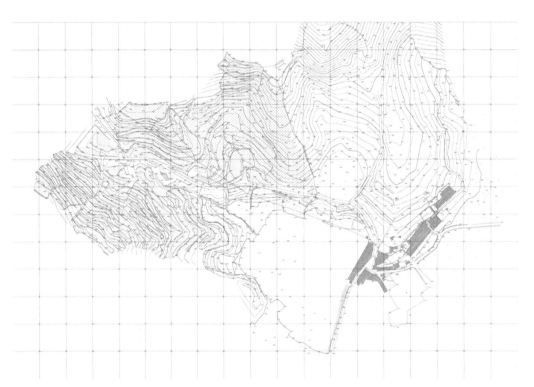

图 1-13　广西河池市巴马瑶族自治县仁寿源景区坡葛节点详细规划设计原始地形图

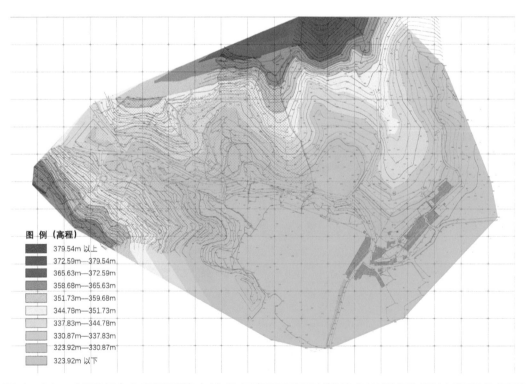

图 1-14　广西河池市巴马瑶族自治县仁寿源景区坡葛节点详细规划设计高程分析图

2011 年，广西河池市巴马瑶族自治县仁寿源景区坡葛节点详细规划设计，坡度分析图和坡向分析图分别如图 1-15 和图 1-16 所示。

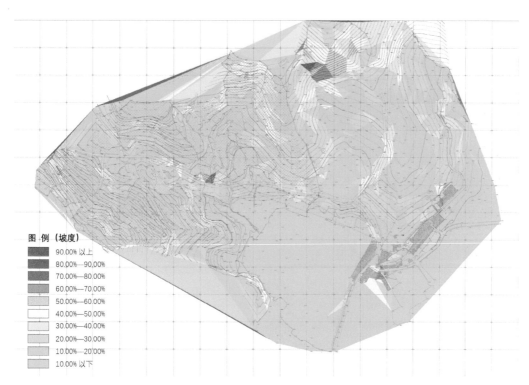

图 1-15　广西河池市巴马瑶族自治县仁寿源景区坡葛节点详细规划设计坡度分析图

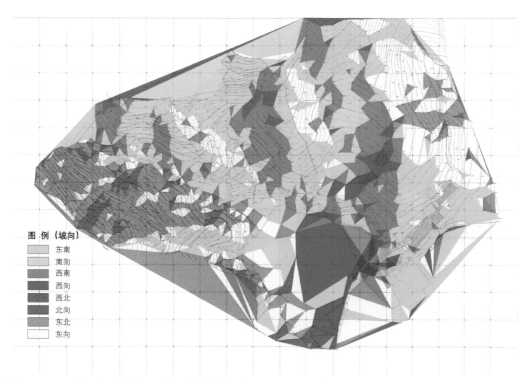

图 1-16　广西河池市巴马瑶族自治县仁寿源景区坡葛节点详细规划设计坡向分析图

2012 年，湖北广水市徐家河旅游度假区详细规划设计，原始地形图和高程分析图分别如图 1-17 和图 1-18 所示。

图 1-17　湖北广水市徐家河旅游度假区详细规划设计原始地形图

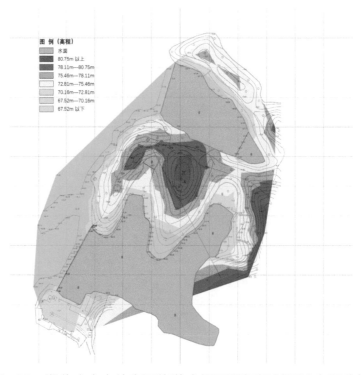

图 1-18　湖北广水市徐家河旅游度假区详细规划设计高程分析图

　　2012 年，湖北广水市徐家河旅游度假区详细规划设计，坡度分析图和坡向分析图分别如图 1-19 和图 1-20 所示。

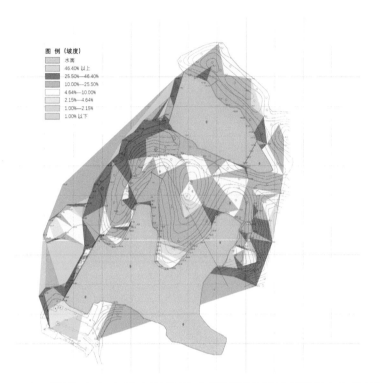

图 1-19　湖北广水市徐家河旅游度假区详细规划设计坡度分析图

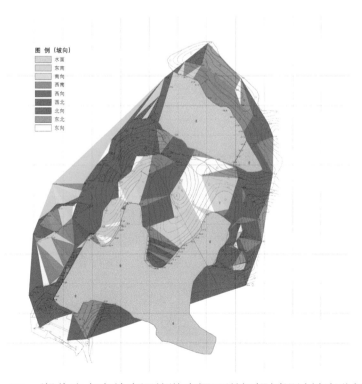

图 1-20　湖北广水市徐家河旅游度假区详细规划设计坡向分析图

2014 年，广西贺州市平桂区绿怡生态农庄旅游开发规划，原始地形图和高程分析图分别如图 1-21 和图 1-22 所示。

图 1-21　广西贺州市平桂区绿怡生态农庄旅游开发规划原始地形图

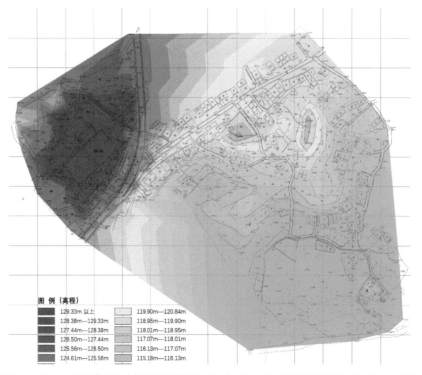

图 1-22　广西贺州市平桂区绿怡生态农庄旅游开发规划高程分析图

2014 年，广西贺州市平桂区绿怡生态农庄旅游开发规划，坡度分析图和坡向分析图分别如图 1-23 和图 1-24 所示。

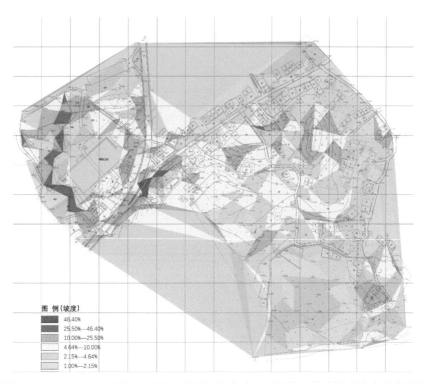

图 1-23　广西贺州市平桂区绿怡生态农庄旅游开发规划坡度分析图

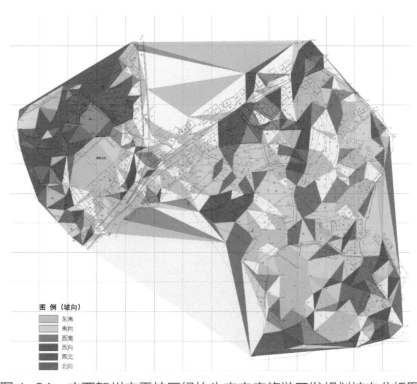

图 1-24　广西贺州市平桂区绿怡生态农庄旅游开发规划坡向分析图

2014 年，广西河池市巴马瑶族自治县甲篆乡坡莫旅游新村建设规划，原始地形图和高程分析图分别如图 1-25 和图 1-26 所示。

图 1-25　广西河池市巴马瑶族自治县甲篆乡坡莫旅游新村建设规划原始地形图

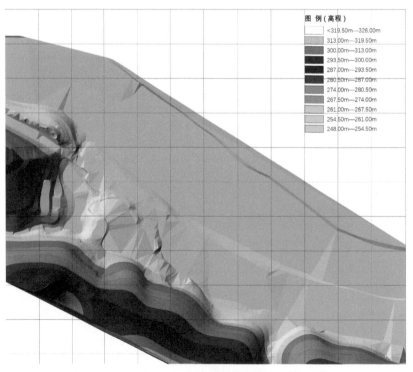

图 1-26　广西河池市巴马瑶族自治县甲篆乡坡莫旅游新村建设规划高程分析图

2014年，广西河池市巴马瑶族自治县甲篆乡坡莫旅游新村建设规划，坡度分析图和坡向分析图分别如图1-27和图1-28所示。

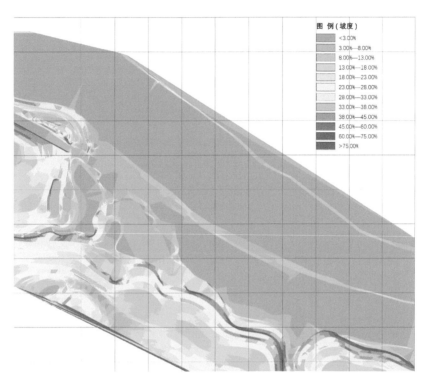

图1-27　广西河池市巴马瑶族自治县甲篆乡坡莫旅游新村建设规划坡度分析图

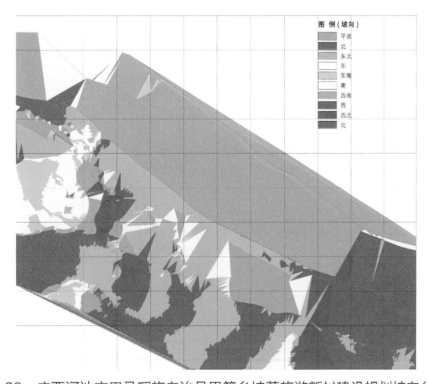

图1-28　广西河池市巴马瑶族自治县甲篆乡坡莫旅游新村建设规划坡向分析图

PART 2
平立剖面图

　　本部分所指的"平立剖面图"主要包括风景园林规划设计项目的景园总平面图、立面图和场地剖面图。

　　地形、植物、建筑、构筑物、铺装、水体构成了风景园林设计的主要因素。园林中景物的平面、立面、剖面图是上述要素的水平面（或水平剖面）和立剖面的正投影所形成的视图。地形在平面图上用等高线或三维地形顶平面叠加等高线表示，在立面或剖面图上用地形剖断线和轮廓线表示；水面在平、立面图上分别用范围轮廓线和水位线表示；树木则用树木平面和立面表示。

　　常用软件：AutoCAD、SketchUp、Photoshop 等。

2005 年，广西桂林市灌溉试验站景观环境质量提升改造项目总平面图如图 2-1 所示。

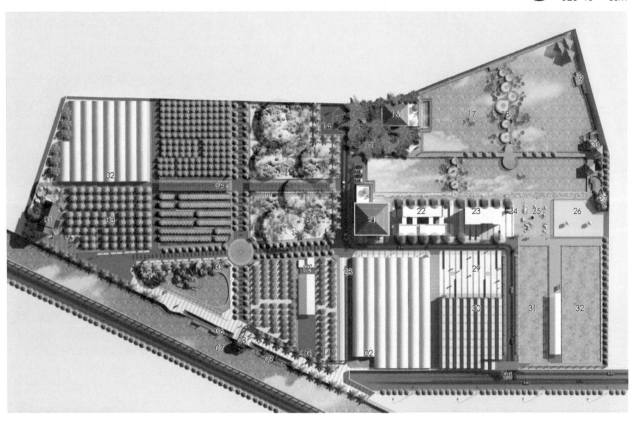

01 专家楼（现状）	12 测坑	23 办公楼（现状）
02 节水灌溉试验温室大棚	13 园林区	24 "滴水之恩"主题雕塑
03 旱地果树节水试验区	14 篮球运动场	25 "枯井流沙"警示园
04 千步廊	15 百竹园	26 无人观测气象场
05 花卉试验区及露天游泳池	16 专家楼（规划）	27 响水人家（公共厕所）
06 水环境监测平台	17 灌溉回归水再利用试验区	28 空中水槽
07 青狮潭西干渠	18 莲花汀步	29 荣誉广场
08 水车	19 垂钓廊	30 智能玻璃温室
09 亲水平台	20 凉亭	31 水稻需水量监测试验区
10 灌溉文化长廊	21 综合办公楼（规划）	32 水稻非充分原理研究试验区
11 冬枣试验区	22 员工住宅楼	33 入口大门

图 2-1 广西桂林市灌溉试验站景观环境质量提升改造项目总平面图

2011 年，广西河池市巴马瑶族自治县罗旁山生态休闲公园规划设计，景观总平面图如图 2-2 所示。

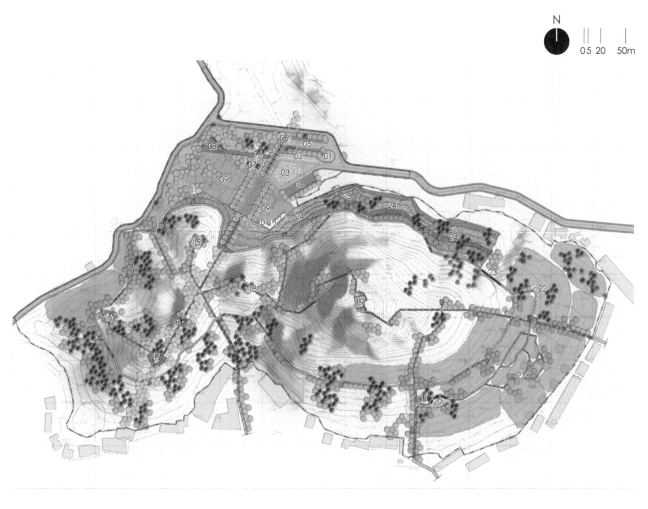

01 公园标识牌	10 商店	19 怡心台
02 旅游车停靠站	11 厕所	20 童趣园
03 回车场	12 休息廊	21 植物迷宫
04 旅游大巴停车场	13 登山道主入口	22 太极平台
05 小车停车场	14 "健康秤" 节点	23 铁索桥
06 广场木栈道	15 "大力士" 节点	24 七彩梯田
07 休息亭	16 "石磨园" 节点	25 沐氧台
08 休憩平台	17 "镇岗炮楼" 观景平台	
09 入口集散广场	18 "干栏" 亭	

图 2-2　广西河池市巴马瑶族自治县罗旁山生态休闲公园规划设计景观总平面图

2011年，广西河池市巴马瑶族自治县罗旁山生态休闲公园规划设计，入口广场放大平面图如图2-3所示。

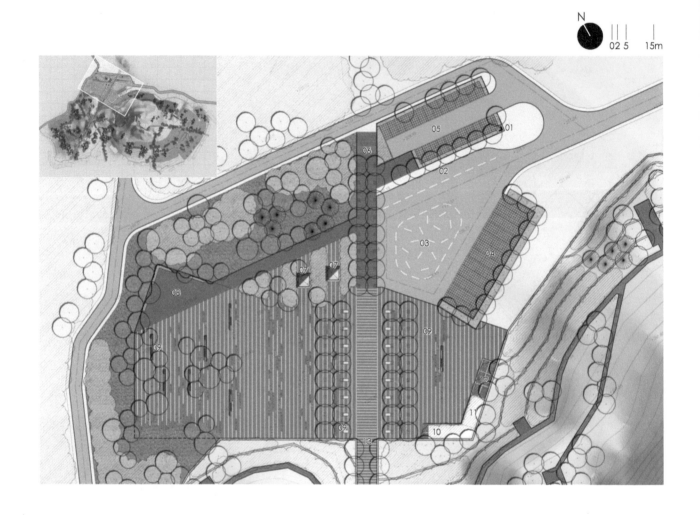

01 公园标识牌	08 休憩平台
02 旅游车停靠站	09 休闲座椅
03 回车场	10 商店
04 旅游大巴停车场	11 厕所
05 小车停车场	12 休息廊
06 广场木栈道	13 登山道主入口
07 休息亭	

图2-3　广西河池市巴马瑶族自治县罗旁山生态休闲公园规划设计入口广场放大平面图

2014 年，广西河池市巴马瑶族自治县坡莫旅游新村建设规划，景观总平面图如图 2-4 所示。

01 商业住宅	06 带状停车场
02 壮族风雨桥	07 壮族民居
03 旅游厕所	08 车行出入口
04 架空停车场及其屋顶花园	09 游客服务中心（覆土建筑）及其屋顶花园
05 人行出入口	10 坡纳旅游度假村

图 2-4　广西河池市巴马瑶族自治县坡莫旅游新村建设规划景观总平面图

2014年，广西河池市巴马瑶族自治县甲篆乡巴盘旅游村入口区景观规划设计，总平面图、场地剖面图分别如图2-5和图2-6所示。

01 观景平台   02 集散广场   03 "福寿山水"景观小品   04 民宅   05 休闲游憩带

图 2-5　广西河池市巴马瑶族自治县甲篆乡巴盘旅游村入口区景观规划设计总平面图

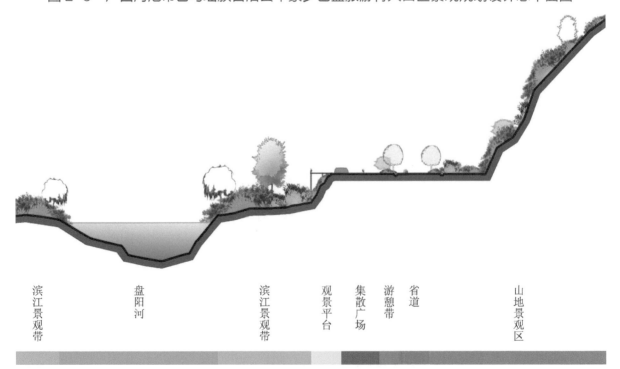

图 2-6　广西河池市巴马瑶族自治县甲篆乡巴盘旅游村入口区景观规划设计场地剖面图

　　2018年，湖南衡阳市来雁新城项目启动区概念规划，方案一总平面图如图2-7所示。规划设计公司：深圳媚道风景园林与城市规划设计院有限公司；获奖情况：深圳市第十八届优秀城乡规划设计奖表扬奖。

01 来雁塔
02 雁湖博览园
03 "高线"公园
04 博物馆
05 城市发展公园
06 规划馆
07 商业综合体
08 购物公园
09 科技馆
10 科技公园

图2-7　湖南衡阳市来雁新城项目启动区概念规划方案一总平面图

2018 年，湖南衡阳市来雁新城项目启动区概念规划，方案一总平面图（局部）如图 2-8 所示。规划设计公司：深圳媚道风景园林与城市规划设计院有限公司；获奖情况：深圳市第十八届优秀城乡规划设计奖表扬奖。

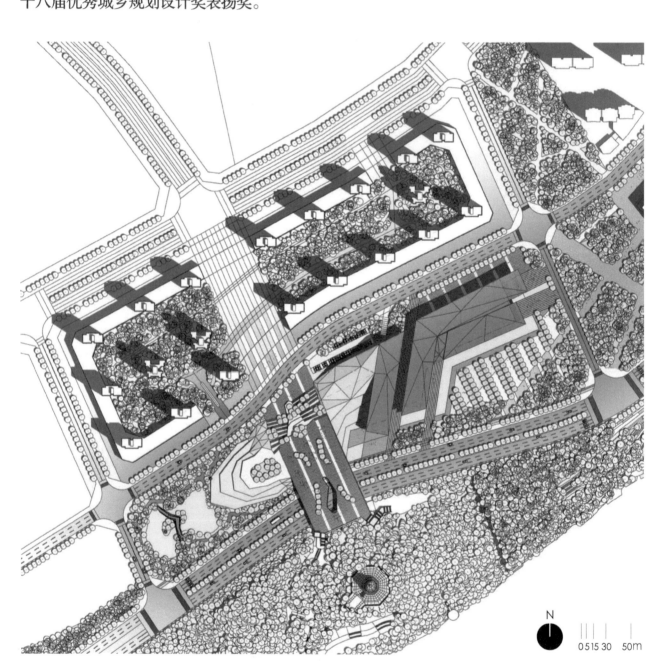

图 2-8　湖南衡阳市来雁新城项目启动区概念规划方案一总平面图（局部）

2011 年，广西河池市巴马瑶族自治县仁寿源景区总体规划，达西度假酒店小木屋立面图如图 2-9 所示。

（a）北立面图

（b）南立面图

（c）西立面图

（d）东立面图

图2-9 广西河池市巴马瑶族自治县仁寿源景区总体规划——达西度假酒店小木屋立面图

PART 3
透视效果图

数字化透视效果图的制作模式大致经历了三个阶段。

第一个阶段，完全依靠 3ds Max 自带的功能进行前期的建模和渲染（线性扫描渲染），添加植物、人物、交通工具等配景，以及全局光模拟、色调调整等大量工作都需要在 Photoshop 中完成。配景素材的储备、制作人员的审美功底、Photoshop 技术水平的高低在这个阶段显得尤为重要。单从透视角度考量，素材匮乏往往是图面效果的绊脚石，鸟瞰图的制作尤其如此。

第二个阶段，Mental Ray、RenderMan、Brazil、FinalRender 等能够模拟全局光能传递渲染插件的出现大大改善了风景园林建筑渲染的效果，制作者无需再花大多工夫去处理表达主体的细节，可以把更多心思放在环境的处理上。但是，后期处理的配景素材、尤其是素材的透视角度与表达主体的透视角度不能完全吻合，仍然是制约制作效率的主要因素。

第三个阶段，计算机软硬件技术的飞速发展推动了建筑表现革命——全模型渲染时代的到来。全模型渲染，顾名思义，即从景观、建筑等表达主体到植物、人物、交通工具等配景全部是三维模型，在 3D 软件中按照设计意图进行场景搭建并渲染。这个阶段逐渐弱化了后期处理的相关工作。

常用软件及插件：3ds Max、SketchUp、Rhino、Lumion、V-Ray、Enscape和 Photoshop 等。

图 3-1 评析：素模渲染，即忽略表达对象的材质、纹理和质感，将场景中的所有材质以素色覆盖进行渲染，目的是考察场景的素描关系。该场景的素描关系较为丰富，景观小品、配景和建筑搭配较好，遗憾之处是画面左侧的前景树略高了些，在一定程度上削弱了画面的透视效果。

图 3-1　某场景的素模渲染效果图

图 3-2 评析：该场景表达了景观建筑环境在阴雨天气中的氛围，画面以冷色调为主，室内透出的暖色灯光在阴冷氛围中增添了少许暖意。遗憾之处是绿色乔木的饱和度稍高了些，远景树尤其如此，削弱了画面的进深和空间感。

图 3-2　某景观建筑环境在阴雨天气中的效果图

图 3-3 评析：该场景表达了景观建筑环境在晴朗天气中的氛围，画面以暖色调为主，整体风格较为清新明快。该场景的明暗对比明显，景观小品、建筑外立面等细节丰富，但建筑阴影处的亮度偏低，而背景亮度、饱和度偏高，不利于主体方案的清晰表达。

图 3-3　某景观建筑环境在晴朗天气中的效果图

　　图 3-4 评析：该场景表达了景观建筑环境的夜景氛围，画面明暗对比明确，室内灯光以暖色调为主，红色灯笼起到了点缀作用。若能将室内光源适当地投射到室外景观环境中，将更利于画面整体光影关系的表达。

图 3-4　某景观建筑环境的夜景效果图

图 3-5 评析：素模渲染，即忽略表达对象的材质、纹理和质感，将场景中的所有材质以素色覆盖进行渲染，目的是考察场景的素描关系。该画面虽然突出了建筑主体，但过于饱和，缺少建筑周边环境，导致建筑整体偏生硬。

图 3-5　某场景的素模渲染效果图

图 3-6 评析：该场景表达了景观建筑环境在阴雨天气中的氛围，画面整体偏暗，很好地烘托出场景的天气。不足之处是右侧乔木的颜色偏亮与场景环境不符，若将场景灯光稍加调亮，则能够丰富整个场景的层次。

图 3-6　某景观建筑环境在阴雨天气中的效果图

图 3-7 评析：该场景表达了景观建筑环境在晴朗天气中的氛围，画面的明暗对比明显，景观小品、建筑外立面等细节丰富。场景整体近处暗、远处亮，让人的视线容易集中在远处，从而忽略了近处的建筑。处理时，设计者可以调整阳光照射角度，调整建筑整体的光照，从而更好地突出建筑。

图 3-7　某景观建筑环境在晴朗天气中的效果图

　　图3-8评析：该场景表达了景观建筑环境的夜景氛围，画面虽有明暗对比，但整体色调较平，缺少远近的明暗变化。灯光缺少主次关系、无法突出主体，且灯光与室外环境没有联系。天空色调过亮，与想表达的夜景氛围不符。应适当调整画面的明暗主次关系，突出主体，营造氛围感。

图3-8　某景观建筑环境的夜景效果图

　　图 3-9 评析：素模渲染，即忽略表达对象的材质、纹理和质感，将场景中的所有材质以素色覆盖进行渲染，目的是考察场景的素描关系。此场景的建筑与周边环境比例协调，角度选取合适，视线从中心向两侧延伸从而提升了整个画面的场景感。但画面中的人物活动不够丰富，导致建筑整体氛围偏冷清。

图 3-9　某场景的素模渲染效果图

图 3-10 评析：该场景表达了景观建筑环境在阴雨天气中的氛围，画面以冷色调为主，地面斑驳的水渍体现了雨后场景的特征，遗憾之处是明暗面对比略显不足，导致建筑主体展示不清晰，可以稍加灯光，丰富画面层次，提升整体氛围。

图 3-10 某景观建筑环境在阴雨天气中的效果图

　　图 3-11 评析：该场景表达了景观建筑环境在晴朗天气中的氛围，画面以暖色调为主，整体风格较为清新明快。不足之处是建筑的受光面较少，导致建筑与阳光的光影关系不足，同时，背景天空的色彩饱和度过高，削弱了建筑效果。

图 3-11　某景观建筑环境在晴朗天气中的效果图

图 3-12 评析：该场景表达了景观建筑环境的夜景氛围，画面整体偏亮，为了适应高亮度，建筑的室内灯光溢出过曝，但建筑的室外环境中缺少灯光反射效果。可将画面整体亮度降低，增加室外景观对光影的反射，从而提高整体氛围感。

图 3-12　某景观建筑环境的夜景效果图

图 3-13 评析：素模渲染，即忽略表达对象的材质、纹理和质感，将场景中的所有材质以素色覆盖进行渲染，目的是考察场景的素描关系。该场景光线使得建筑主体突出，但建筑主体离画面较远，无法体现建筑细节。前景元素过多而显得杂乱，草坪面积大但缺乏内容。

图 3-13　某场景的素模渲染效果图

图 3-14 评析：该场景表达了景观建筑环境在阴雨天气中的氛围，画面以冷色调为主。主体建筑的阴影关系合适，但还可适当降低建筑高光部分以适应场景天气。画面中前景树的颜色较暗且所占面积较大，从而使画面显得过于饱满。

图 3-14　某景观建筑环境在阴雨天气中的效果图

　　图3-15评析：该场景表达了景观建筑环境在晴朗天气中的氛围，整体风格较为清新明快。场景的明暗对比适当，整体画面饱和度较高，符合场景整体氛围。若能适当加强近景细节处理，稍加虚化背景建筑、降低背景树的明度，画面会更有层次感。

图 3-15　某景观建筑环境在晴朗天气中的效果图

　　图 3-16 评析：该场景表达了景观建筑环境的夜景氛围，画面明暗对比明确。画面灯光以暖色为主，但是缺乏主次关系。设计者可适当调低主体建筑的高光部分适应夜景环境，也可增加建筑外立面照明层次感。

图 3-16　某景观建筑环境的夜景效果图

图3-17评析：素模渲染，该场景的素描关系较为丰富，景观小品、配景和建筑搭配较好。主体建筑位于场景中央，重点突出。画面角度可以适当往左平移，将右侧建筑画面比重减少，使得整体平衡感更强。

图 3-17　某场景的素模渲染效果图

图 3-18 评析：该场景表达了景观建筑环境在阴雨天气中的氛围，画面以冷色调为主，整体色调与背景相适应。广场铺装纹理丰富，但略显复杂，可稍降低其复杂程度以突出主体建筑。主体建筑一层灯光亮度可适当增加，并加强主体建筑的光影层次。

图 3-18　某景观建筑环境在阴雨天气中的效果图

　　图 3-19 评析：该场景表达了景观建筑环境在晴朗天气中的氛围，画面以冷色调为主，整体风格较为清新明快。场景中的明暗对比丰富，但缺乏广场与建筑的阴影关系。

图 3-19　某景观建筑环境在晴朗天气中的效果图

图 3-20 评析：该场景表达了景观建筑环境的夜景氛围。画面色调协调，明暗光影关系正确，灯光主次关系明显，主体建筑突出，周边景观与建筑灯光相呼应。

图 3-20　某景观建筑环境的夜景效果图

　　图 3-21 评析：素模渲染，即忽略表达对象的材质、纹理和质感，将场景中的所有材质以素色覆盖进行渲染，目的是考察场景的素描关系。该场景布局均衡，建筑细节明显，但缺乏前景，导致画面下半部分较空，可适当增加植物配景或人物活动。

图 3-21　某场景的素模渲染效果图

图 3-22 评析：该场景表达了景观建筑环境在阴雨天气中的氛围，画面以冷色调为主。场景中建筑外立面形态各异，建筑构造细节丰富，但建筑阴影处较暗，导致展示效果不佳，可适当增加建筑阴影处灯光，丰富整体光影层次。

图 3-22   某景观建筑环境在阴雨天气中的效果图

图3-23评析：该场景表达了景观建筑环境在晴朗天气中的氛围，整体风格较为清新明快。场景中明暗对比丰富，光影关系适当，建筑外立面细节丰富，但背景天空的饱和度过高，建筑环境要素较单一，削弱了场景的整体效果。

图 3-23　某景观建筑环境在晴朗天气中的效果图

图 3-24 评析：该场景表达了景观建筑环境的夜景氛围。画面整体色调符合场景氛围，室内灯光明暗略有变化，建筑表达较为生动。可在建筑周边适当增加景观小品，打造层次，丰富外部环境灯光，通过处理光影关系提升画面的整体效果。

图 3-24　某景观建筑环境的夜景效果图

　　图 3-25 评析：该场景的建筑主体所处位置符合黄金分割比例关系，右侧前景树起到了平衡画面的作用，使整个构图更加均衡稳定。景观小品及建筑配景的透视关系处理恰当，细节经得起推敲。遗憾之处是图面中人物活动与方案主体的关系不紧密，没有起到阐述建筑功能的作用。

图 3-25　某场景的素模渲染效果图

　　图3-26评析：该场景表达了景观建筑环境在阴雨天气中的氛围，整个画面饱和度较低，突出了不同材质的肌理变化。远景处点缀朱红色灯笼，减弱了画面的沉闷感。遗憾之处是主体建筑的明暗层次表达稍显欠缺，致使建筑和环境之间的互动较弱。

图3-26　某景观建筑环境在阴雨天气中的效果图

图3-27评析：该场景表达了景观建筑环境在晴朗天气中的氛围，整体风格较为清新明快。场景的光照角度选取较好，明暗关系处理得当，景观小品、建筑外立面等细节丰富，但地面铺装材质选择不当，反光度过高。

图 3-27　某景观建筑环境在晴朗天气中的效果图

　　图 3-28 评析：该场景表达了景观建筑环境的夜景氛围，画面以暖色调灯光为主，远景处建筑灯光较暗，弱化了其在画面中的存在感，以强化表现主体建筑。若能将建筑内照明光线溢散到其周围配置的景观小品、植物上，则会更好地增强场景中建筑与环境的互动感。

图 3-28　某景观建筑环境的夜景效果图

图 3-29 评析：素模渲染，即忽略表达对象的材质、纹理和质感，将场景中的所有材质以素色覆盖进行渲染。该场景的素描关系较为丰富，通过人物活动表现出空间的多样性和多功能性。景观小品、植物等的配置与建筑风格保持一致，虚实相生，图面稳定和谐。

图 3-29　某场景的素模渲染效果图

图 3-30 评析：该场景表达了景观建筑环境在阴雨天气中的氛围，画面以冷色调为主，通过明度较低的颜色弱化了近景和远景，较好地表现了主体。遗憾之处是图面整体配色灰暗，无明显点缀色，稍显沉闷。

图 3-30　某景观建筑环境在阴雨天气中的效果图

图 3-31 评析：该场景表达了景观建筑环境在晴朗天气中的氛围，通过光线角度和色彩搭配较好地表现了图面的黑白灰关系，风格清爽明快。该场景的明暗对比明显，借助低饱和度、高明度的色彩清晰表达出建筑外立面细节。

图 3-31　某景观建筑环境在晴朗天气中的效果图

图 3-32 评析：该场景表达了景观建筑环境的夜景氛围，画面明暗对比较强，以暖色灯光为主，营造出一种温暖轻松的氛围，景观小品的灯光增强了该场景内的空间延伸关系。若能借助灯光色彩或照明方式将表达主体展现得更为突出则更优。

图 3-32　某景观建筑环境的夜景效果图

图 3-33 评析：素模渲染，即忽略表达对象的材质、纹理和质感，将场景中的所有材质以素色覆盖进行渲染。该场景的素描关系较为丰富，构图平衡饱满。景观小品、植物和建筑搭配相得益彰，远景处植物和建筑虚实交叠，弱化了视觉聚焦。

图 3-33　某场景的素模渲染效果图

图 3-34 评析：该场景表达了景观建筑环境在阴雨天气中的氛围，画面以冷色调为主，建筑低饱和度的配色使人专注于其立面材质与肌理，前景树以低明度弱化了视觉焦点。遗憾之处是图面整体亮度相近，从而导致表达主体不突出。

图 3-34　某景观建筑环境在阴雨天气中的效果图

　　图3-35评析：该场景表达了景观建筑环境在晴朗天气中的氛围，画面以冷色调为主，营造出一种清爽柔和的氛围。该场景的明暗对比明显，景观小品、建筑外立面等细节丰富，光线角度选取较好，但建筑阴影处的亮度偏低，而远景建筑的亮度、饱和度偏高，不利于主体方案的清晰表达。

图3-35　某景观建筑环境在晴朗天气中的效果图

图 3-36 评析：该场景表达了景观建筑环境的夜景氛围，画面明暗对比明确，光调柔和，以灯光塑造突显出表现主体。若能将建筑内照明光线溢散到其周围的景观小品、植物上，则会增强场景整体的真实感。

图 3-36　某景观建筑环境的夜景效果图

　　图 3-37 评析：该场景的素描关系较为丰富，通过人物活动表现出空间的多样性和多功能性。景观小品、植物和建筑搭配较好，构成了稳定的画面，人物活动达到了阐述建筑功能的效果。

图 3-37　某场景的素模渲染效果图

图 3-38 评析：该场景表达了景观建筑环境在阴雨天气中的氛围，画面以冷色调为主，灯笼的红色起到了点缀作用，图面中两侧低饱和度、低明度的配景弱化了视觉聚焦。遗憾之处是主体建筑一层骑楼处较暗，不利于展示方案。

图 3-38　某景观建筑环境在阴雨天气中的效果图

图 3-39 评析：该场景表达了景观建筑环境在晴朗天气中的氛围，画面以暖色调为主，营造出一种清新柔和的氛围。该场景的明暗对比明显，注重玻璃反光等细节处理，打造出光影交错、树影斑驳的效果。景观小品及建筑外立面注重材质、纹理等细节的刻画，使场景更趋真实。

图 3-39 某景观建筑环境在晴朗天气中的效果图

图 3-40 评析：该场景表达了景观建筑环境的夜景氛围，画面明暗对比明确。建筑外部照明灯光将硬朗的建筑边缘柔化，与暖色调的光线一起营造出明亮舒适的氛围。建筑玻璃注重自发光处理，使夜景更趋真实。

图 3-40　某景观建筑环境的夜景效果图

图3-41评析：该场景的素描关系较为丰富。住宅建筑的细节刻画丰富，配景及植物与建筑的搭配较好，表现了建筑的功能。遗憾之处是植物林冠线无明显起伏变化，使图面稍显单调。

图3-41　某场景的素模渲染效果图

　　图 3-42 评析：该场景表达了景观建筑环境在阴雨天气中的氛围，画面以低饱和度的暖色调为主，辅助高饱和度的屋顶色以打破图面的沉闷感。不足之处是建筑石块贴图没有体现透视关系，从而削弱了体块的立体感。

图 3-42　某景观建筑环境在阴雨天气中的效果图

图3-43评析：该场景表达了景观建筑环境在晴朗天气中的氛围，整体表现以暖色调为主，打造出一种雨后清新盎然的效果。图面明暗关系对比明显，建筑外立面肌理细节丰富，但近景处的植物配色饱和度与明度可适当提高，使其与表现主体更加融合。

图3-43　某景观建筑环境在晴朗天气中的效果图

　　图 3-44 评析：该场景表达了景观建筑环境的夜景氛围，画面明暗对比明确，室内灯光以暖色调为主，营造出一种舒适温馨的氛围。不足之处是场景中只考虑了建筑本身的照明，若增加建筑外部环境的照明，其效果将会更佳。

图 3-44　某景观建筑环境的夜景效果图

图 3-45 评析：素模渲染，即忽略表达对象的材质、纹理和质感，将场景中的所有材质以素色覆盖进行渲染，目的是考察场景的素描关系。该场景的素描关系较为丰富，但场景的小品数量较少，可适当增加景观设施。

图 3-45　某场景的素模渲染效果图

　　图 3-46 评析：该场景表达了景观建筑环境在阴雨天气中的氛围，画面以冷色调为主，立面形式丰富，建筑高低错落、层次感较强。不足之处是墙面石材贴面变化较少，略显生硬；建筑局部光线不足，不利于方案的展示。

图 3-46　某景观建筑环境在阴雨天气中的效果图

图 3-47 评析：该场景表达了景观建筑环境在晴朗天气中的氛围，画面以暖色调为主，整体风格较为清新明快。该场景的明暗对比较为明显，建筑外立面等细节丰富，但建筑下方水体透明度较低且无明显波纹，真实感不强。

图 3-47　某景观建筑环境在晴朗天气中的效果图

图 3-48 评析：该场景表达了黄昏氛围的景观建筑环境，画面明暗对比明确，建筑照明与天空配景相得益彰，体现出较强的景深感。画面中主体建筑突出，但附属建筑光线较暗，可在右下角增加光源以增强画面的平衡感。

图 3-48　黄昏氛围的某景观建筑环境效果图

　　图 3-49 评析：素模渲染，即忽略表达对象的材质、纹理和质感，将场景中的所有材质以素色覆盖进行渲染，目的是考察场景的素描关系。该场景的前景树模型选择不当，树冠对建筑的遮挡较多，不利于建筑方案的展示。道路两侧缺少路灯、座椅等景观小品的点缀。

图 3-49　某场景的素模渲染效果图

　　图 3-50 评析：该场景表达了景观建筑环境在阴雨天气中的氛围，画面以冷色调为主，整体偏灰偏暗，建筑材质处理恰当，立面细节丰富。不足之处是画面主次不够明确，建筑环境的明暗区别小，削弱了画面的层次和空间感。

图 3-50　某景观建筑环境在阴雨天气中的效果图

　　图 3-51 评析：该场景表达了景观建筑环境在晴朗天气中的氛围，画面以暖色调为主，整体风格较为清新明快。该场景的明暗对比明显，建筑外立面等细节丰富，但建筑阴影处的亮度偏低，背景亮度、饱和度偏高，不利于主体方案的清晰表达。

图 3-51　某景观建筑环境在晴朗天气中的效果图

图 3-52 评析：该场景表达了景观建筑环境的夜景氛围，画面明暗对比明确，室内灯光以暖色调为主，室内外光影交错，画面整体光影关系表达清晰。不足之处在于楼梯处缺少灯光将花池点亮，室外的景观照明设施设置得较少，建筑周边环境表达效果不佳。

图 3-52　某景观建筑环境的夜景效果图

　　图 3-53 评析：素模渲染，即忽略表达对象的材质、纹理和质感，将场景中的所有材质以素色覆盖进行渲染，目的是考察场景的素描关系。该场景的素描关系较为丰富，景观小品、配景和建筑搭配较好。遗憾之处是画面中间的乔木略高且密集，在一定程度上削弱了画面的透视效果。

图 3-53　某场景的素模渲染效果图

图 3-54 评析：该场景表达了景观建筑环境在阴雨天气中的氛围，画面以冷色调为主，整体偏灰、偏暗。场景光线设置合理，水面波纹、倒影表现细腻，但画面主次不够明确、对比度不够，应注意近暖远寒的关系表达。

图 3-54　某景观建筑环境在阴雨天气中的效果图

图 3-55 评析：该场景表达了景观建筑环境在晴朗天气中的氛围，画面以暖色调为主，整体风格较为清新明快。该场景的明暗对比明显，景观小品、建筑外立面等细节丰富，但建筑的阴影处的亮度偏低，导致局部表达不清晰。

图 3-55　某景观建筑环境在晴朗天气中的效果图

　　图 3-56 评析：该场景表达了景观建筑环境的夜景氛围，画面明暗对比明确，建筑细节表现清晰。室外环境整体偏暗，若能将室内光源适当地投射到室外景观环境中，将更利于画面整体光影关系的表达。

图 3-56　某景观建筑环境的夜景效果图

　　图 3-57 评析：素模渲染，即忽略表达对象的材质、纹理和质感，将场景中的所有材质以素色覆盖进行渲染，目的是考察场景的素描关系。该场景的素描关系较为丰富、配景和建筑搭配较好。

图 3-57　某场景的素模渲染效果图

图 3-58 评析：该场景表达了景观建筑环境在阴雨天气中的氛围，画面以冷色调为主，整体氛围和谐，建筑、景观环境层次清晰。遗憾之处是建筑底层空间亮度较低，不利于建筑方案的完整展示。

图 3-58　某景观建筑环境在阴雨天气中的效果图

图 3-59 评析：该场景表达了景观建筑环境在晴朗天气中的氛围，画面以暖色调为主，整体风格较为清新明快，画面透视感强。该场景的明暗对比明显，建筑外立面、景观小品等细节丰富。

图 3-59　某景观建筑环境在晴朗天气中的效果图

图 3-60 评析：该场景表达了景观建筑环境的夜景氛围，画面明暗对比明确，室内灯光以暖色调为主，小品亮起的暖色灯能够起到点缀作用。若能将室内光源适当地投射到室外景观环境中，将更有利于画面整体光影关系的表达。

图 3-60　某景观建筑环境的夜景效果图

图 3-61 评析：素模渲染，即忽略表达对象的材质、纹理和质感，将场景中的所有材质以素色覆盖进行渲染，目的是考察场景的素描关系。该场景的素描关系较丰富，景观小品和建筑搭配较好，遗憾之处是画面中的前景树对建筑遮挡较多，画面的整体构图也略显平庸。

图 3-61　某场景的素模渲染效果图

图 3-62 评析：该场景表达了景观建筑环境在阴雨天气中的氛围，画面以冷色调为主。场景中建筑外立面、景观小品、人物活动等细节丰富，但整体画面偏灰、偏暗，前景对建筑主体遮挡较多，表达主次不够明确。

图 3-62　某景观建筑环境在阴雨天气中的效果图

图 3-63 评析：该场景表达了景观建筑环境在晴朗天气中的氛围，画面以暖色调为主，整体风格较为清新明快。该场景的明暗对比明显，建筑外立面、景观小品等细节丰富，但背景天空的亮度、饱和度偏高，不利于主体方案的表达。

图 3-63　某景观建筑环境在晴朗天气中的效果图

图 3-64 评析：该场景表达了景观建筑环境的夜景氛围，画面明暗对比明确，小品细节丰富，室外灯光以暖色调为主。若能将室内光源适当地投射到室外景观环境中，将更有利于画面整体光影关系的表达；乔木设置得过于高大，遮蔽了部分建筑，导致画面透视感与景深感不强。

图 3-64　某景观建筑环境的夜景效果图

图 3-65 评析：素模渲染，即忽略材质、颜色和质感的表达，转而将重点放在场地关系当中。该场景内容丰富，很好的表达了建筑、景观与人的关系。不足之处是场景中景观植物与建筑的图面占比接近，不利于突显建筑的主体地位。可适当调整景观植物的规模与尺度，并加强图面的整体透视效果。

图 3-65　某场景的素模渲染效果图

图 3-66 评析：该场景表达了景观建筑环境在阴雨天气中的氛围，画面以冷色调为主，建筑外立面、景观小品等细节丰富，但整体画面偏灰、偏暗，画面场景有些许压抑感。若能适当增加室内暖光源，突出室内外的冷暖对比、明暗对比，画面将更有张力。

图 3-66　某景观建筑环境在阴雨天气中的效果图

图 3-67 评析：该场景表达的是景观建筑环境在晴朗天气中的氛围。画面中所采用的材质丰富多样，表达效果细腻，场景表现生动。不足之处是背景天空的亮度较高，削弱了建筑的视觉冲击力，若适当增加局部建筑环境的亮度，画面将更加和谐。

图 3-67　某景观建筑环境在晴朗天气中的效果图

图 3-68 评析：该场景主要表现了景观建筑环境在夜晚的氛围，画面整体的明暗、冷暖对比关系明确，室内灯光明暗略有变化，建筑表达较为生动。若能适当增加建筑内部的摆设，丰富人物活动，画面将更加富有感染力。

图 3-68　某景观建筑环境的夜景效果图

图 3-69 评析：素模渲染，即忽略表达对象的材质、纹理和质感，将场景中的所有材质以素色覆盖进行渲染，目的是考察场景的素描关系。该场景素描关系丰富，透视结构合理，人物活动类型丰富。

图 3-69 某场景的素模渲染效果图

图 3-70 评析：该场景表达了景观建筑环境在阴雨天气中的氛围，画面以冷色调为主，局部点缀了红色灯笼，在阴冷中增添了少许暖意。遗憾之处是建筑外立面光线较暗，不利于建筑方案的展示。

图 3-70　某景观建筑环境在阴雨天气中的效果图

图 3-71 评析：该场景表达了景观建筑环境在晴朗天气中的氛围，画面以暖色调为主，整体风格较为清新明快。画面中建筑细节丰富，人物活动细腻生动，透视关系清晰，场景进深感较强。

图 3-71　某景观建筑环境在晴朗天气中的效果图

图 3-72 评析：该场景主要表现了景观建筑环境在夜晚的氛围。画面明暗对比关系明确，冷色调与暖光源相结合，整体氛围和谐融洽。若能适当增加街边低矮绿植和地灯，画面层次将更丰富。

图 3-72　某景观建筑环境的夜景效果图

图 3-73 评析：素模渲染，即忽略材质、颜色的表达，转而将重点放在场地关系当中。该场景通过明暗对比，清晰地表现了建筑丰富的空间关系，建筑主体突出且外立面细节清晰。前景树粗壮，对建筑遮挡较多，可将其适当后移以减少对建筑的影响，从而将重点拉回建筑空间。

图 3-73　某场景的素模渲染效果图

图 3-74 评析：该场景表达了景观建筑环境在晴朗天气中的氛围，画面以暖色调为主，整体风格较为清新明快。遗憾之处是草地颜色略显暗沉，天空作为背景的亮度偏高，不利于表现建筑方案。

图 3-74　某景观建筑环境在晴朗天气中的效果图

　　图3-75评析：该场景表达了景观建筑环境的夜景氛围，画面明暗对比明确，能够突出设计主体。不足之处是建筑外立面的灯柱光线略显生硬，应该适当调整灯柱光源，并适当地在建筑周围环境中增添一些微弱的光源。

图3-75　某景观建筑环境的夜景效果图

图 3-76 评析：素模渲染，即忽略材质、颜色的表达，重点在展现出建筑的空间关系。该场景透视结构合理，建筑细部轮廓展示清晰。如果能够适当增强仰视建筑的透视效果，则更能体现建筑的雄伟庄重。

图 3-76　某场景的素模渲染效果图

图 3-77 评析：该场景表达了景观建筑环境在晴朗天气中的氛围。画面中建筑色调搭配合理，墙面石材肌理、质感较真实。但主体建筑光线较暗，外立面表现效果不佳，人物活动与建筑功能的关联性还有待加强。

图 3-77　某景观建筑环境在晴朗天气中的效果图

图 3-78 评析：素模渲染，即忽略表达对象的材质、纹理和质感，将重点放在设计主体的轮廓诠释与场景的素描关系上。该场景的素描关系清晰，空间进深感较强，人物活动和场地功能关联性明确。

图 3-78　某场景的素模渲染效果图

图 3-79 评析：该场景表达了景观建筑环境在晴朗天气中的氛围。画面中人物活动表现得细腻生动，空间透视关系良好，明暗对比明显，建筑外立面、景观小品等细节丰富。

图 3-79　某景观建筑环境在晴朗天气中的效果图

　　图 3-80 评析：该场景表达了景观建筑环境的夜景氛围，画面明暗对比明确，冷暖色
调相辅相成，突出了设计主体。遗憾之处是地面石材光影效果不佳，反光度过高，有失真
实感。

图 3-80　某景观建筑环境的夜景效果图

图 3-81 评析：素模渲染，即忽略材质和颜色的表达，转而将重点放在场地关系当中。该场景内容较为丰富，清晰地表达了建筑、景观和人物活动的关系。遗憾之处是两组主体建筑之间较暗，而远处建筑山墙面较亮，导致画面透视效果被削弱。

图 3-81　某场景的素模渲染效果图

图 3-82 评析：该场景表达了景观建筑环境在晴朗天气中的氛围，画面以暖色调为主，整体风格较为清新明快。画面中所采用的材质复杂多样，表现细腻，场景表现生动。遗憾之处是天空与建筑亮面部分亮度、饱和度过高，而水面部分阴暗，导致水面的景观效果表现不佳。

图 3-82　某景观建筑环境在晴朗天气中的效果图

图 3-83 评析：该场景主要表现了景观建筑环境在夜晚的氛围，画面明暗、冷暖对比关系明确。但画面中两个灯笼亮度过高，而其他建筑环境普遍亮度偏低，应适当调整，使画面更加真实、柔和。

图 3-83　某景观建筑环境的夜景效果图

图 3-84 评析：素模渲染，即忽略表达对象的材质、纹理和质感，将重点放在设计主体的轮廓诠释与场景的素描关系上。画面中对远处建筑和植物的组合把控较好，但是近处船只的光影细节有所欠缺。

图 3-84　某场景的素模渲染效果图

图3-85评析：该场景表达了景观建筑环境在晴朗天气中的氛围，画面以暖色调为主，整体风格较为清新明快，画面透视感强。该场景的建筑外立面、景观环境等细节丰富，景观建筑环境在水中的倒影表现得尤其细腻。

图3-85　某景观建筑环境在晴朗天气中的效果图

图 3-86 评析：该场景表达的是景观建筑环境在夜景中的氛围，画面中冷色调与暖光源相结合，画面整体和谐融洽。但背景天空亮度偏高，与静谧的氛围并不相融，反而削减了景观建筑环境的夜景效果。

图 3-86　某景观建筑环境的夜景效果图

图 3-87 评析：该场景重点表达了中心建筑群的设计效果，近景、中景、远景清晰，构图合理，配景丰富。遗憾之处是在黄昏光线下，建筑局部亮度过高，有失真实感。

图 3-87　某中心建筑群的设计效果图

图 3-88 评析：某仿古建筑节点透视图，表达了建筑的整体外形和体块关系。场景中明暗对比丰富，光影关系适当，建筑外立面细节丰富。整体画面以暖色调为主，很好地表达了仿古建筑特有的淡雅风格和历史韵味。但场景中核心建筑、景观环境与人物多集中在远景，削弱了画面的空间感。

图 3-88　某仿古建筑节点透视图

　　图 3-89 评析：某仿古建筑正立面效果图，建筑使用的材质丰富多样，建筑外立面表现效果细腻。画面中建筑周边搭配了高低错落的景观植物，建筑、植物与前景水面层次变化丰富。遗憾之处是整体光影变化不足，使画面略显平淡，构图中近景处亲水平台较为突兀，破坏了画面的平衡感。

图 3-89　某仿古建筑正立面效果图

图3-90评析：该场景表达了建筑与周围环境的关系及夜景模式，构图以建筑为核心，并通过灯光点亮建筑。画面中，建筑通过多种材质和绿化、水景的搭配丰富了主立面的层级。遗憾之处是整体光线较暗，光影变化偏弱，使建筑的空间关系和外立面细节表现不足。

图3-90　某建筑与周围环境的关系及夜景模式效果图

图 3-91 评析：人视角度，即所选视角利于表达建筑复杂的体块关系和光影效果。该建筑周边环境素材丰富，乔木、灌木搭配高低错落，突出了画面的空间层次感。不足之处是建筑外立面材质细节展示不佳，难以分辨墙面材料的质地。

图 3-91　某建筑人视角度的场景效果图

图 3-92 评析：效果图选择阴雨天气的环境，整体画面较为阴沉，饱和度较低。建筑的低饱和度外立面与灯光搭配，能够突出建筑的现代感和高级感，周边的实景环境使效果图更为真实。缺点是实景环境与建筑模型拼合较为生硬，衔接处的处理略显粗糙。

图 3-92　某建筑在阴雨天气中的环境效果图

图 3-93 评析：某场景鸟瞰视角的模型渲染效果图，清晰地表达了建筑与周边地形地貌的关系，道路与水系的走向，以及建筑形态等要素。建筑周边环境和地形地貌的关系处理得当，但山体表面植被处理手法比较单一，缺少自然环境的细节变化，场地地面铺装设计也需要继续深化。该图面未进行后期调整，故表达效果较差，偏向于展示设计方案的整体空间结构和建筑布局，适合在方案的前期讨论中使用。

图 3-93 某场景鸟瞰视角的模型渲染效果图

图 3-94 评析：某居住小区鸟瞰图，表达了各片区住宅的整体关系和建筑设计意象。该场景所选视角突出了片区主入口，住宅建筑与周边环境联系紧密，清晰展示了居住小区的空间结构和建筑布局。不足之处是色调过于明亮，水面真实感稍弱，小区周边环境深度不足，可在画面边缘增加云雾效果，虚化周边环境并提升画面的空间感。

图 3-94　某居住小区鸟瞰图

图3-95评析：某居住小区夜景鸟瞰图，所选视角突出了住宅建筑和文化商业街区。夜景光源的设置清晰展现了小区住宅建筑布局、水体形态和交通联系。不足之处是水面亮度过高，削弱了住宅建筑群的核心地位。场地与周边环境明暗对比强烈，虽利于突显居住小区的空间环境，但降低了场景整体的真实感。

图3-95　某居住小区夜景鸟瞰图

图3-96评析：该场景表达了建筑单体的设计意象，建筑立面设计丰富，材质变化多样，建筑周边环境搭配合理。近实远虚的表达手法很好地突出了画面的空间感。不足之处是建筑正立面处于阴面，不利于建筑方案的清晰表达。

图 3-96　某建筑单体的设计意象图

图 3-97 评析：该场景表达了建筑单体在黄昏场景中的设计意象，建筑设计简约时尚，主体建筑的空间关系、光影效果表现清晰。不足之处是建筑周边环境略显生硬，植物配景较少，建筑前广场因被车辆遮挡而未能完整表达。

图 3-97　某建筑单体在黄昏场景中的设计意象图

　　图 3-98 评析：该场景为某建筑局部透视图，所选角度突出了建筑的空间进深感。建筑材质变化多样，各类材质的质感特征明显，整体真实感较强。近景处可增加低矮灌木、花丛、草地等，使画面层次感加强。

图 3-98　某建筑局部透视图

　　图 3-99 评析：该场景为某建筑人视图表达，选择了仰视视角，主体建筑在周边道路及绿化环境的烘托陪衬下较为突出。建筑外立面线条流畅、材质多变，表现出动态的美感。

图 3-99　某建筑人视图

图 3-100 评析：该场景主体建筑位于图面中心，人、车、植物作为建筑配景，层次丰富。本张效果图最大的问题是比例失真，空间透视过于夸张，不利于展示高层住宅建筑高耸的空间感。

图 3-100　某主体建筑效果图

图 3-101 评析：该场景为某小区的局部鸟瞰图，能够突出建筑外立面材质，画面层次丰富。不足之处是大量的景观植物遮挡了地面铺装、娱乐设施等设计内容，景观主次结构不明晰，影响了中央景观设计意图的表达。

图 3-101　某小区的局部鸟瞰图

图 3-102 评析：该场景为某小区鸟瞰效果图，其远景为现状实景，效果真实，该视角可清晰展示小区整体空间布局和建筑的外立面效果。不足之处是小区内景观植物形式单一，绿化主次关系不明晰。

图 3-102　某小区鸟瞰效果图

图 3-103 评析：该场景为某单体建筑的夜景透视图，建筑主体位于画面中心位置，构图合理，建筑立面设计丰富，夜景灯光点缀使建筑的外部形态更为突出。不足之处是图中近景、远景过暗，视线仅聚焦于建筑自身，图面层次感较弱。

图 3-103　某单体建筑的夜景透视图

图 3-104 评析：该场景为某仿古商业街的鸟瞰图，选取了夕阳场景，阴影关系交代明确，清晰展现了建筑组群和街巷的空间关系。不足之处是周边街区建筑布局、景观绿化与实际情况不符，商业街内水景边缘处理较为生硬，街内景观要素单一，未能体现出街巷怡人的步行环境。

图 3-104　某仿古商业街的鸟瞰图

图 3-105 评析：该场景为某仿古商业步行街的夜景鸟瞰图，清晰展现了建筑组群和街巷的空间关系，空间开敞，建筑屋顶形式表达生动。大量灯光聚焦在商业街的主要流线上，方案展示主次分明、层次清晰，突出了该商业街的人行流线。

图 3-105　某仿古商业步行街的夜景鸟瞰图

图 3-106 评析：该场景为某仿古商业步行街的日景鸟瞰图，清晰展现了建筑组群和街巷的空间关系，日景下的建筑高低错落、层次感更为明显。遗憾之处是水面的倒影关系、波纹等缺乏细节处理，未能体现出该商业步行街的灵动性。

图 3-106　某仿古商业步行街的日景鸟瞰图

　　图 3-107 评析：该场景为某仿古商业步行街在夕阳场景下的局部透视图，展现了人视视角下的街区环境，图中近景、中景、远景层次分明，建筑材质丰富，古香古色，景观环境及行人搭配丰富，门头牌匾等标识也别具一格。

图 3-107　某仿古商业步行街在夕阳场景下的局部透视图

　　图 3-108 评析：该场景为某建筑群的夜景透视图，建筑光影效果突出，建筑外立面方案表达有层次，在背景的衬托下，建筑群空间关系清晰。不足之处是画面中建筑群周边环境过暗，视线仅聚焦于建筑自身，缺乏建筑周边环境的展示。

图 3-108　某建筑群的夜景透视图

图 3-109 评析：该场景为某欧式建筑方案透视效果图，建筑立面设计丰富，材质变化多样，建筑外立面光影关系突出，空间感较强。主体建筑位于图面中心，构图合理。不足之处是画面底部整体偏暗，不利于建筑周边环境的表达。

图 3-109　某欧式建筑方案透视效果图

图 3-110 评析：该场景为某商业街的人视角度透视图，画面空间进深感强，建筑外立面材质质感真实，近景、中景、远景层次丰富。不足之处是建筑阴影面积占比较大，不利于建筑细部和街道景观的表达。

图 3-110　某商业街的人视角度透视图

图 3-111 评析：该场景为某小区透视图，该视角可清晰展现建筑外立面细节，近景、中景、远景层次丰富，空间进深感强。不足之处是建筑周边环境处理较弱，没有体现出居住小区应有的生活氛围。

图 3-111 某小区透视图

图 3-112 评析：该场景为某商业区的人视角度透视图，该视角可展现建筑组群的围合关系以及开敞空间，身临其境般地展现建筑和广场的空间尺度，近景、中景、远景层次丰富，空间进深感强，色彩丰富具有现代感。

图 3-112　某商业区的人视角度透视图

　　图3-113评析：该场景为某商业区的黄昏场景透视图，展现了大尺度建筑群的空间关系和丰富的中心景观，近景、中景、远景层次丰富，中心景观突出。黄昏光线较为柔和，有利于表达街区惬意的环境和舒适的空间感受。

图3-113　某商业区的黄昏场景透视图

图 3-114 评析：该场景为某商业购物中心的夜景透视图，夜景下能够突出建筑的现代感，主体建筑外立面的灯光变化、阴影关系等表现细腻，材质在统一中有细节变化，建筑周边配景要素多样，并通过模拟延时摄影，以明亮线条表现车辆的速度感。

图 3-114　某商业购物中心的夜景透视图

图 3-115 评析：该场景表达了景观建筑环境在晴朗天气中的氛围，画面以暖色调为主，整体风格较为清新明快。画面中建筑细节丰富，透视关系清晰，场景进深感较强。不足之处是树木对主体建筑的遮挡过多。

图 3-115　某景观建筑环境在晴朗天气中的效果图

图 3-116 评析：该场景为某古建的人视节点透视图，该视角展现了主体建筑的宏伟外形。建筑木构架表现细腻，木材、石材等建筑材料质感真实，建筑构件特色鲜明。遗憾之处是图面中人物活动与方案主体的关系不紧密，没有起到阐述建筑功能的作用。

图 3-116　某古建的人视节点透视图

　　图 3-117 评析：该场景采用鸟瞰图视角，清晰地展现了建筑与周边环境的关系，画面整体色调轻快活泼。场景视角较高，距离较远，能够清晰表达建筑的整体布局和空间效果。建筑本体采用暖色调，体现了古建特有的淡雅风格和历史韵味。若能在画面中适当增加云雾效果、飞鸟等，可提升场景的历史氛围，也可增强画面的空间感。

图 3-117　某建筑和周边环境关系远景鸟瞰图

参考文献
Reference

[1] 罗文媛，赵明耀. 建筑形式语言 [M]. 北京：中国建筑工业出版社，2001.

[2] 刘颂, 张桐恺, 李春晖. 数字景观技术研究应用进展 [J]. 西部人居环境学刊，2016(04).

[3] 刘颂，章舒雯. 数字景观技术研究进展——国际数字景观大会发展概述 [J]. 中国园林，2015(02).

[4] 王晓俊. 风景园林设计 [M]. 3 版. 南京：江苏科学技术出版社，2009.

[5] 樊亚明，郑文俊，等. 景园匠心：风景旅游规划设计案例精选 [M]. 武汉：华中科技大学出版社，2017.